BEI GRIN MACHT SICH IHR WISSEN BEZAHLT

- Wir veröffentlichen Ihre Hausarbeit, Bachelor- und Masterarbeit

- Ihr eigenes eBook und Buch - weltweit in allen wichtigen Shops

- Verdienen Sie an jedem Verkauf

Jetzt bei www.GRIN.com hochladen und kostenlos publizieren

Bibliografische Information der Deutschen Nationalbibliothek:

Die Deutsche Bibliothek verzeichnet diese Publikation in der Deutschen Nationalbibliografie; detaillierte bibliografische Daten sind im Internet über http://dnb.d-nb.de/ abrufbar.

Dieses Werk sowie alle darin enthaltenen einzelnen Beiträge und Abbildungen sind urheberrechtlich geschützt. Jede Verwertung, die nicht ausdrücklich vom Urheberrechtsschutz zugelassen ist, bedarf der vorherigen Zustimmung des Verlages. Das gilt insbesondere für Vervielfältigungen, Bearbeitungen, Übersetzungen, Mikroverfilmungen, Auswertungen durch Datenbanken und für die Einspeicherung und Verarbeitung in elektronische Systeme. Alle Rechte, auch die des auszugsweisen Nachdrucks, der fotomechanischen Wiedergabe (einschließlich Mikrokopie) sowie der Auswertung durch Datenbanken oder ähnliche Einrichtungen, vorbehalten.

Impressum:

Copyright © 2007 GRIN Verlag, Open Publishing GmbH
Druck und Bindung: Books on Demand GmbH, Norderstedt Germany
ISBN: 9783640553068

Dieses Buch bei GRIN:

http://www.grin.com/de/e-book/146064/der-einfluss-des-rauchens-auf-das-koerper-gewicht

Kornelia Scheiblauer

Der Einfluss des Rauchens auf das Körpergewicht

GRIN Verlag

GRIN - Your knowledge has value

Der GRIN Verlag publiziert seit 1998 wissenschaftliche Arbeiten von Studenten, Hochschullehrern und anderen Akademikern als eBook und gedrucktes Buch. Die Verlagswebsite www.grin.com ist die ideale Plattform zur Veröffentlichung von Hausarbeiten, Abschlussarbeiten, wissenschaftlichen Aufsätzen, Dissertationen und Fachbüchern.

Besuchen Sie uns im Internet:

http://www.grin.com/

http://www.facebook.com/grincom

http://www.twitter.com/grin_com

Akademie für Diätdienst
und ernährungsmedizinischen Beratungsdienst Wien

Seminararbeit

DER EINFLUSS DES RAUCHENS AUF DAS KÖRPERGEWICHT

verfasst von Kornelia Scheiblauer

Wien, im Oktober 2007

Inhaltsverzeichnis

1. Einführung

Weltweit sterben jährlich über 3 Millionen Menschen an den Folgen des Rauchens. Wenn sich das Verhalten der Menschen nicht ändert, werden dies laut Schätzungen der Weltgesundheitsorganisation im Jahre 2020 sogar 10 Millionen sein. Das Inhalieren von Tabakrauch ist die Ursache für 80 bis 90% der chronischen Atemwegserkrankungen, für 80 bis 85% aller Lungenkrebse und für 25 bis 43% aller koronaren Herzerkrankungen. Von allen Krebstodesfällen werden 25 bis 30% auf das Rauchen zurückgeführt. (15)

Trotz dieser allgemein bekannten und überaus gefährlichen Auswirkungen auf die Gesundheit schaffen zahlreiche Raucher es nicht, von der Sucht loszukommen und auf die Zigarette zu verzichten.

Sehr häufig, insbesondere von jungen Mädchen und Frauen, wird die Sorge vor einer Gewichtszunahme als ein Grund genannt, nicht mit dem Rauchen aufzuhören bzw. nach einer Entwöhnung wieder damit zu beginnen. Getreu dem ehemaligen Werbeslogan von Lucky Strike-Zigaretten „Reach for a Lucky instead of a sweet", mit dem Zigaretten als Ersatz für Süßigkeiten angepriesen wurden, sind viele Menschen der Meinung, durch das Rauchen ihre Nahrungsaufnahme und damit ihr Körpergewicht regulieren zu können.

Ob und inwiefern ein Zusammenhang zwischen der Raucherentwöhnung und einer darauf folgenden Gewichtszunahme besteht, soll in dieser Arbeit geklärt werden. Zu Beginn werden die Auswirkungen des Nikotins auf die einzelnen Bereiche des Körpers näher erläutert, im Anschluss daran soll ein Überblick über die Einflüsse des Rauchens auf Körpergewichtsveränderungen sowie die möglicherweise dafür verantwortlichen Ursachen gewährt werden.

2. Die Wirkungen von Nikotin auf den Organismus

Unter den mehr als 3.800 Inhaltsstoffen von Tabak gilt Nikotin als die abhängig machende Substanz. (4, S. 209)

> *„Nikotin hat eine eindeutig suchterzeugende Wirkung, die denen anderer Rauschmittel wie Amphetaminen, Kokain oder Morphin gleichkommt."* (4, S. 210)

Nikotin ist eine farblose alkalische Flüssigkeit, die gut löslich in Wasser, organischen Lösungsmitteln und Ölen ist. Beim Verbrennen von Tabak wird das Nikotin mit dem Rauch freigesetzt. Ein inhalierender Raucher absorbiert dabei sowohl über die Mundschleimhaut als auch über die Lunge bis zu 95% des im Rauch enthaltenen Nikotins. Es erreicht in nur sieben bis zehn Sekunden das Gehirn und überwindet leicht die Blut-Hirn-Schranke. (9, S. 36; 4, S. 209)

Unmittelbar nach Erreichen des zentralen Nervensystems setzen die Wirkungen des Nikotins ein, wozu im Besonderen Vasokonstriktion, Zunahme der Herzfrequenz, Blutdruckanstieg, Abnahme des Hautwiderstandes und Absinken der Hauttemperatur zählen. (9, S. 36)

Nikotin begünstigt weiters die Freisetzung von den Hormonen Adrenalin, Noradrenalin, Vasopressin und Endorphinen, was zu einer positiven Beeinflussung von Aufmerksamkeit, Gedächtnis und psychomotorischer Leistungsfähigkeit, Zunahme der Stresstoleranz und Abnahme der Aggressivität führt. Es stillt außerdem den Hunger und trägt damit zur Gewichtsverminderung bei. (16)

Die Nikotinwirkungen auf die einzelnen Bereiche des Körpers werden im Folgenden näher beschrieben.

2.1 Zentralnervensystem

> *„Die meisten Raucher sind sich einig, dass Rauchen ‚wach' macht (vor allem die ersten Zigaretten des Tages) und entspannt, besonders in Stresssituationen. Wahrscheinlich abhängig von der Ausgangslage wirkt Nikotin vorwiegend kortikal (stimulierend) oder beeinflusst vor allem das limbische System und hat dadurch einen sedierenden Effekt. Viele Raucher glauben, dass die Zigarette ihre Stimmung verbessert und die Konzentration steigert."* (12, S. 26)

Verursacht wird diese positive Beeinflussung der Stimmungslage durch die erleichterte Freisetzung von Neurotransmittern wie Dopamin, Acetylcholin, Serotonin oder ß-Endorphin, was durch die Bindung des Nikotins an Nikotinrezeptoren im Gehirn erreicht wird. (12, S. 29)

2.2 Kardiovaskuläre Effekte

Nikotin bewirkt eine Vasokonstriktion, also ein Zusammenziehen der Gefäße, was zu kurzzeitiger Steigerung der Herzfrequenz, des Schlagvolumens, des koronaren Blutflusses sowie des Blutdrucks führt. (12, S. 27)

2.3 Hormonelle Effekte

Nikotin erhöht die Sekretion von Katecholaminen, Wachstumshormon, Kortisol und Prolaktin, die Östrogenspiegel dagegen werden gesenkt. (7)
Bei Frauen konnten ein verfrühtes Einsetzen der Menopause sowie ein erhöhtes Osteoporoserisiko, zurückzuführen auf die niedrigen Östrogenspiegel, beobachtet werden. (12, S. 27)

2.4 Metabolische Effekte

> *„Die Nikotinwirkung auf den Magen-Darm-Trakt wird durch Acetylcholin, Katecholamine und Peptidhormone verstärkt. Die Magensäuresekretion wird nicht regelmäßig angeregt, dennoch kann man von einer ulzerogenen Wirkung des Tabakrauchens ausgehen. Offensichtlich wird die Peristaltik des Darms angeregt und kann zu mehrmaligem Absetzen von Stuhl führen, oft ein Grund, warum Raucher nicht auf die Morgenzigarette verzichten wollen.“* (8, S. 82)

Im Fettstoffwechsel konnten durch das Rauchen bedingte erhöhte LDL-Werte, erniedrigte HDL-Werte sowie eine gesteigerte Lipolyse nachgewiesen werden. (12, S. 27)
Außerdem verfügen Raucher im Vergleich zu Nichtrauchern über erhöhte Triglyzeridkonzentrationen, die sich in Langzeitstudien jedoch nicht bestätigen ließen. (8, S. 179)

Auch die Insulinwirkung wird durch das Rauchen nachteilig beeinflusst. Nikotin steigert die Insulinresistenz sowohl an gesunden Personen als auch an nichtinsulinpflichtigen Diabetikern. (7; 8, S.183)

„Raucher zeigen typische Zeichen eines Insulinresistenz-Syndroms." (8, S. 183)

3. Rauchen und Körpergewicht

In der Literatur finden sich zahlreiche Ansätze, welchen Einfluss das Rauchen auf das Körpergewicht hat. Es herrschen sehr unterschiedliche Meinungen vor, um wie viel, wenn überhaupt, das Gewicht nach der Raucherentwöhnung ansteigt und welcher Mechanismus dafür verantwortlich ist .

„Zahlreiche Raucher verlieren während des jahrelangen Rauchens aus verschiedenen Ursachen an Körpergewicht (Abnahme des Appetits, erhöhte Fettsäureoxidation, Verschlechterung der Insulinresistenz, erhöhte Insulin-Plasmaspiegel), wobei das Rauchen nicht als Anorektikum angesehen werden kann." (10)

Umgekehrt kommt es durch den Rauchstopp zur Verbesserung der Insulinresistenz bei gleichzeitiger Gewichtszunahme. (10)

Aus einer Studie des Fritz-Lickint-Institutes für Nikotinforschung und Raucherentwöhnung in Erfurt geht hervor, dass die Gewichtsbeeinflussung durch das Rauchen bei Frauen stärker ausgeprägt ist als bei Männern. Laut selbiger Studie konsumieren Raucher die gleichen oder sogar höhere Mengen an Nahrungsmitteln als Nichtraucher, wobei sie aufgrund des erhöhten Energiestoffwechsels jedoch über ein niedrigeres Körpergewicht verfügen. Eine solche Gewichtsreduktion konnte allerdings erst nach einer 20 bis 30-jährigen Raucherkarriere festgestellt werden. (7)

3.1 Nikotinabhängigkeit und Kohlenhydratsucht

„Unter Kohlenhydratsucht wird ein starkes Verlangen nach Kohlenhydraten (craving for carbohydrates) verstanden. Dabei wird den Kohlenhydraten eine beruhigende, belebende und revitalisierende Wirkung auf die Stimmung zugeschrieben." (12, S. 45)

Eine österreichische Studie, in der das Rauchverhalten und die Ernährungsgewohnheiten der Bevölkerung untersucht wurden, kam zu dem Ergebnis, dass das Verlangen nach kohlenhydratreichen Speisen bei Rauchern stärker ausgeprägt ist als bei Nichtrauchern. Ein so genanntes „Craving" nach Kohlenhydraten konnte bei 37% der Raucher, jedoch nur bei 28% der Nichtraucher festgestellt werden. Mittel und stark nikotinabhängige Raucher haben dieses Verlangen nach Kohlenhydraten in Ärgersituationen stärker ausgeprägt als wenig oder nicht abhängige Raucher und fühlen sich nach dem Verzehr von Kohlenhydraten auch entspannter und leistungsfähiger. (13)

Eine genaue Analyse des Ernährungsverhaltens des Betroffenen scheint daher vor Beginn einer Raucherentwöhnung sinnvoll.

4. Raucherentwöhnung und Gewichtsveränderungen

Mit dem Rauchstopp kommt es laut oben genannter Studie des Fritz-Lickint-Institutes für Nikotinforschung und Raucherentwöhnung bei Frauen und Männern gleichermaßen zu einer Gewichtszunahme, deren Mechanismus bisher allerdings nicht vollständig geklärt werden konnte. Diese Erhöhungen des Körpergewichts wurden vor allem in den ersten Jahren des konsequenten Rauchstopps beobachtet, später waren die Zunahmen geringer. Die mittlere Gewichtszunahme lag ein Jahr nach der erfolgreichen Raucherentwöhnung bei 2,8 Kilogramm. (7)

Dies bestätigt auch eine Untersuchung des U.S. Department of Health and Human Services aus dem Jahre 1988:

> *„Raucher wiegen weniger als Nichtraucher und die Rauchertherapie ist mit einer durchschnittlichen Gewichtszunahme von etwa 3 Kilogramm verbunden. Von denen, die aufhören, nehmen annähernd zwei Drittel an Gewicht zu, der Rest zeigt nur geringe Gewichtsschwankungen."* (14)

Besonders prädestiniert für eine Gewichtszunahme nach der Raucherentwöhnung sind Frauen, die sich in der Perimenopause befinden und die in Stresssituationen zu einer erhöhten Nahrungsaufnahme neigen. (8, S. 349)

Wie aus Untersuchungen hervorgeht, dürfte sich die Verwendung von Nikotinpräparaten wie Kaugummi oder Nikotinpflaster im Zuge der Raucherentwöhnung positiv auf das Gewicht auswirken. So kam es bei Patienten, die ein Nikotinpräparat einsetzten, über einen Untersuchungszeitraum von drei

Monaten, zu keiner oder einer sehr viel geringeren Gewichtszunahme als in einer Kontrollgruppe ohne Verwendung von Nikotinpräparaten. Zurückzuführen ist dies auf einen durch die Nikotingaben erhöhten Spiegel von Leptin, das als Sättigungshormon dient. (1; 7)

4.1 Mögliche Ursachen der Gewichtszunahme

> *„Raucher haben einen höheren Energieverbrauch, da Nikotin die Verbrennung ankurbelt. Folglich ist nach einer Nikotinentwöhnung der Energieumsatz des Körpers gedrosselt. Nikotin scheint auch einen direkten Effekt auf das Fettgewebe zu haben, so dass sich bei Nikotinentwöhnung und gleich bleibender Energiezufuhr leichter Körperfett ansammeln kann. Verhängnisvoll kommt hinzu, dass nach Nikotinentwöhnung der Appetit, insbesondere auf Süßes, gesteigert sein kann und mehr gegessen wird.“* (3)

Veränderte Ernährungsgewohnheiten nach dem Rauchverzicht, vor allem gesteigerte Aufnahme von Fett und/oder Zucker, werden auch durch weitere Studien bestätigt. (5) Allerdings konnte in nur zwei von sechs vorliegenden Untersuchungen eine Zunahme in der Gesamtenergiezufuhr nachgewiesen werden, jedoch kann nur dieser Umstand ein Ansteigen des Körpergewichtes erklären. (6; 11)
Demzufolge dürfte der Einfluss einer erhöhter Kalorienzufuhr durch gesteigerten Appetit eher gering sein. Folglich darf der Anteil des Metabolismus an der Gewichtszunahme nicht unterschätzt werden (vergleiche 2.4 Metabolische Effekte).

4.2 Unterstützende Maßnahmen zum Rauchverzicht

4.2.1 Bewegungsaktivität als Alternativverhalten

Körperliche Aktivität fördert die Regulierung des Körpergewichtes, zeigt eine stabilisierende Wirkung auf Stimmungsschwankungen, führt zu einer Erhöhung der Stressresistenz und kann somit optimal zu einer langfristigen Tabakabstinenz beitragen. (12; S. 74)
Bestätigt wird dies durch eine Studie über die unterstützende Wirkung von körperlicher Betätigung bei einem Raucherentwöhnungsprogramm, an der 20

gesunde Raucherinnen teilnahmen. Nach Ende des achtwöchigen Programms waren in der Gruppe mit zusätzlichem körperlichen Training, das dreimal pro Woche stattfand, 50% der Teilnehmerinnen vollkommen abstinent, in der Kontrollgruppe ohne physische Aktivität dagegen keine einzige. (2)

4.2.2 Diätetische Empfehlungen

Um einen langfristigen Erfolg der Raucherentwöhnung zu gewährleisten, ist es besonders wichtig, unerwünschte Gewichtszunahmen zu verhindern. Die Deutsche Gesellschaft für Ernährung (DGE) empfiehlt daher eine ausgewogene, in der Anfangsphase des Nikotinverzichts eventuell auch energiereduzierte Mischkost.

Folgende Punkte sollen dabei beachtet werden:

- Portionsgrößen zunächst reduzieren
- viel energiefreie bzw. energiearme Getränke wie Wasser, ungezuckerte Früchte- oder Kräutertees sowie verdünnte Fruchtsäfte zuführen, möglichst auch direkt vor den Mahlzeiten
- fettreiche Lebensmittel meiden
- reichlich Obst und Gemüse sowie Vollkornprodukte verzehren, um eine gute Sättigung zu erreichen
- auftretende Heißhungerattacken, die einst durch die Zigarette bekämpft wurden, durch die Aufnahme von Wasser, Obst/Gemüse oder fettarme Milchprodukte stillen (3)

4.2.3 Entspannungsmethoden

> *„Entspannungsmethoden eignen sich bei Rauchertherapien als ergänzende Maßnahme zur Bewältigung von Stresssituationen, sozialen Ängsten und anderen kritischen Situationen, in denen zur Zigarette gegriffen wurde. So kann in Stresssituationen mittels Entspannungsmethoden das Risiko eines Rückfalles vermindert werden und das allgemeine Stress- und Angstniveau gesenkt werden.“* (12, S. 75)

5. Conclusio

Grundsätzlich geht aus dieser Seminararbeit hervor, dass es im Zuge einer Raucherentwöhnung bei einem Großteil der Betroffenen obligat zu einer durchschnittlichen Zunahme des Körpergewichtes von rund drei Kilogramm kommt. Eine durchaus überraschende Erkenntnis ist, dass dafür weniger ein verändertes Ernährungsverhalten des Betroffenen als vielmehr komplexe Stoffwechselvorgänge im Körper verantwortlich sind. So haben langjährige Raucher etwa einen höheren Grundumsatz als Nichtraucher und wiegen daher trotz gleich bleibender oder sogar vermehrter Energiezufuhr weniger.

Diese Erkenntnisse sollen jedoch keinesfalls eine Ausrede darstellen, nicht mit dem Rauchen aufzuhören. Ganz im Gegenteil, ist Tabakabhängigkeit doch eine gefährliche Suchterkrankung, deren Folgen tagtäglich zahlreiche Todesopfer fordern. Es ist daher einleuchtend, dass Rauchen nicht als geeignete Maßnahme zur Regulierung der Nahrungsaufnahme und des Körpergewichtes angesehen werden kann.

Um einer unerwünschten Gewichtszunahme so weit wie möglich entgegenzuwirken, ist es sinnvoll, bei einer Raucherentwöhnung einige Tipps zu beachten und bei Bedarf auch eine diätetische Beratung in Anspruch zu nehmen. Besonders unterstützend bei Nikotinverzicht wirkt sich auch zusätzliche körperliche Aktivität aus, die nicht nur die Regulierung des Körpergewichtes fördert, sondern auch einen positiven Einfluss auf Stimmungsschwankungen und Stressverhalten hat.

6. Literaturverzeichnis

(1) ABELIN et al.; 1989; Controlled trial of transdermal nicotine patch in tobacco withdrawal; Lancet in SCHOBERBERGER Rudolf, KUNZE Michael: Nikotinabhängigkeit – Diagnostik und Therapie; Springer-Verlag; Wien; 1999; Seite 73

(2) BESS et al.; 1991; Usefulness of physical exercise for maintaining smoking cessation in women in SCHOBERBERGER Rudolf, KUNZE Michael: Nikotinabhängigkeit – Diagnostik und Therapie; Springer-Verlag; Wien; 1999; Seite 74-75

(3) DEUTSCHE GESELLSCHAFT FÜR ERNÄHRUNG: www.dge.de; aufgerufen am 3.10.2007 um 20:13 Uhr

(4) GASTPAR Markus, MANN Karl, ROMMELSPACHER Hans: Lehrbuch der Suchterkrankungen; Georg Thieme Verlag; Stuttgart; 1999

(5) GRUNBERG NE; 1986; Nicotine as a psychoactive drug – appetite regulation in SCHOBERBERGER Rudolf, KUNZE Michael: Nikotinabhängigkeit – Diagnostik und Therapie; Springer-Verlag; Wien; 1999; Seite 73

(6) HATSUKAMI et al.; 1984; Tobacco withdrawal symptoms – an experimental analysis in SCHOBERBERGER Rudolf, KUNZE Michael: Nikotinabhängigkeit – Diagnostik und Therapie; Springer-Verlag; Wien; 1999; Seite 73

(7) HAUSTEIN Knut-Olaf: Rauchen und Körpergewicht – ein Kardinalproblem; 2003 in Deutsche Medizinische Wochenschrift; Georg Thieme Verlag; Stuttgart; 10/2003

(8) HAUSTEIN Knut-Olaf: Tabakabhängigkeit – Gesundheitliche Schäden durch das Rauchen; Deutscher Ärzte-Verlag; Köln; 2001

(9) HEINZ Andreas, BATRA Anil: Neurobiologie der Alkohol- und Nikotinabhängigkeit; W. Kohlhammer GmbH; Stuttgart; 2003

(10) PERKINS KA: Weight gain following smoking cessation; J Consult Clin Psychol; 1993 in HAUSTEIN Knut-Olaf: Tabakabhängigkeit – Gesundheitliche Schäden durch das Rauchen; Deutscher Ärzte-Verlag; Köln; 2001, Seite 348

(11) STANFORD et al.; 1986; Effects of smoking cessation on weight gain, metabolic rate, caloric consumption and blood lipids in SCHOBERBERGER Rudolf, KUNZE Michael: Nikotinabhängigkeit – Diagnostik und Therapie; Springer-Verlag; Wien; 1999; Seite 73

(12) SCHOBERBERGER Rudolf, KUNZE Michael: Nikotinabhängigkeit – Diagnostik und Therapie; Springer-Verlag; Wien; 1999

(13) SCHOBERBERGER et al.; 1996 in SCHOBERBERGER Rudolf, KUNZE Michael: Nikotinabhängigkeit – Diagnostik und Therapie; Springer-Verlag; Wien; 1999; Seite 47

(14) U.S. DEPARTMENT OF HEALTH AND HUMAN SERVICES; 1988; The health consequences of smoking – Nicotine addiction; A Report oft the Surgeon General U.S. Government Printing Office, Washington DC in SCHOBERBERGER Rudolf, KUNZE Michael: Nikotinabhängigkeit – Diagnostik und Therapie; Springer-Verlag; Wien; 1999; Seite 73

(15) WORLD HEALTH ORGANIZATION: The European tobacco control report; World Health Organization; Copenhagen; 2007

(16) WISSENSCHAFTLICHER AKTIONSKREIS TABAKENTWÖHNUNG; 1992; Gesundheitsberatung zur Tabakentwöhnung; Ein Handbuch für Ärzte; Gustav Fischer, Stuttgart in SCHOBERBERGER Rudolf, KUNZE Michael: Nikotinabhängigkeit – Diagnostik und Therapie; Springer-Verlag; Wien; 1999; Seite 15

BEI GRIN MACHT SICH IHR WISSEN BEZAHLT

- Wir veröffentlichen Ihre Hausarbeit, Bachelor- und Masterarbeit
- Ihr eigenes eBook und Buch - weltweit in allen wichtigen Shops
- Verdienen Sie an jedem Verkauf

Jetzt bei www.GRIN.com hochladen und kostenlos publizieren